José Raúl Pérez González

Guía Rápida de Diseño y Análisis Experimental Bajo Enfoques de Verosimilitud

BVOLS / Estadística para Adultos

AF871618

ELIVA PRESS

ISBN: 978-99993-4-926-0

© Eliva Press Global Ltd. part of Eliva Press S.R.L., 2026
© José Raúl Pérez González

Cover Design: Eliva Press
Cover Image: www.ingimage.com
Email: info@elivapress.com
Website: www.elivapress.com

This Eliva Press imprint is published by the registered company Eliva Press Global Ltd. part of Eliva Press S.R.L. Publishing Group

The registered company address is: Pope Hennessy Street Level 2, Hennessy Tower Port Louis, Mauritius
Eliva Press S.R.L. Publishing Group legal address is: Bd. Cuza-Voda 1/4 of. 21, Chisinau, Moldova, Europe

No part of this book may be reproduced or utilized in any form or by any means, electronic or mechanical, including photocopying, recording, or by any information storage and retrieval system, without permission in writing from Eliva Press. Any brand and product names mentioned in this book are subject to the trademark, brand, or patent protection and are trademarks of their respective owners. The use of brand names, trade names, product names, product descriptions, is in no way implies that such names may be regarded as unrestricted by trademark and brand protection laws and thus may be used by anyone. The opinions and views expressed are exclusively those of authors/contributors and in no way the editors or publisher is responsible.

All rights reserved.

GUÍA RÁPIDA DE DISEÑO Y ANÁLISIS EXPERIMENTAL BAJO ENFOQUES DE VEROSIMILITUD

José Raúl Pérez G

Universidad politécnica territorial de Maracaibo (UPTMA)

Correo: josejrpg1995@gmail.com

ORCID: https://orcid.org/0009-0007-2442-486X

INTRODUCCIÓN AL DISEÑO Y ANÁLISIS EXPERIMENTAL

El diseño de experimentos (Fisher, 1935) es una metodología estadística estructurada que se utiliza para planificar, ejecutar y analizar pruebas provocando cambios deliberados en las variables de un proceso para evaluar su impacto en el resultado final. Su objetivo principal es obtener la máxima cantidad de información confiable con el menor costo y tiempo posibles (Castejón, 2011).

Conceptos básicos:

Variable Respuesta (Dependiente): Es el resultado medible que se desea optimizar o evaluar (producción de leche, peso al destete o edad al primer parto).

Factores (Variables Independientes): Son las variables operativas que el investigador manipula (o no) deliberadamente para observar cambios en la respuesta.

Tratamiento: Es la combinación específica de niveles de factores aplicados a una unidad experimental.

Unidad Experimental: El fragmento de material, objeto o sujeto indivisible al que se le aplica un tratamiento (plantas, animales, etc).

Método de máxima verosimilitud

El método de máxima verosimilitud (ML) es un enfoque clásico para la estimación de parámetros, el cual se basa en la maximización de la función de verosimilitud para la obtención de los estimadores. Desde una perspectiva conceptual, este método determina el valor paramétrico que, de ser el verdadero, maximizaría la probabilidad de ocurrencia de la muestra observada (Blasco, 2021).

Para encontrar el valor de los parámetros de varianza y regresión, es necesario estimar el máximo la función de verosimilitud (L), pero es sabido que se encuentra ese máximo más fácilmente usando su logaritmo natural (Ln (L)), por lo tanto, en la práctica se utiliza la verosimilitud logarítmica, la cual toma la siguiente forma (Searle y col, 1992):

$$Ln(L) = -0.5(n)Ln(2\pi) - 0.5Ln|V| - 0.5(y - Xb)'V^{-1}(y - Xb)$$

Donde $-0.5(n)Ln(2\pi)$ es una constante que desaparece en la derivada,$Ln|V|$ es el determinante logarítmico de la matriz de varianzas y covarianzas de los datos la cual para un modelo fijo viene dado por $V = R = I\sigma_e^2$ siendo σ_e^2 la varianza residual y $(y-Xb)'V^{-1}(y-Xb)$ es la suma de cuadrados residual generalizada. En un modelo fijo el único efecto aleatorio es el residual, por lo tanto, está asociado a una varianza que se tiene que estimar derivando $Ln(L)$ en función de la varianza.

Método de máxima verosimilitud restringida

El método de máxima verosimilitud restringida (REML, por sus siglas en inglés: Restricted Maximum Likelihood) (Patterson y Thompson, 1971) es una variante avanzada de la estimación por máxima verosimilitud estándar. El método estimas las varianzas tomando en cuenta los grados de libertad que se utilizan por estimar los efectos fijos, por lo tanto, genera estimadores de la varianza que son insesgados a diferencia del ML estándar que en muestras pequeñas genera estimadores sesgados. Al igual que en ML, en el método REML se tiene que localizar el máximo de la función logarítmica de la verosimilitud restringida, la cual toma la siguiente forma (Meyer, 1997):

$$Ln(Lr) = -0.5(n-p)Ln(2\pi) - 0.5Ln|V| - 0.5Ln|X'V^{-1}X| - 0.5(y-Xb)'V^{-1}(y-Xb)$$

Donde Ln(Lr) es la función logarítmica de verosimilitud restringida y X es una matriz de incidencia que relaciona los datos con los efectos fijos del modelo estadístico.

DISEÑO COMPLETAMENTE ALEATORIZADO (DCA)

Es un diseño clásico y el más sencillo de realizar, consiste en la aplicación de tratamientos a las unidades experimentales, siempre y cuando estas sean muy homogéneas según un criterio de clasificación. El objetivo del DCA es probar si existen diferencias estadísticamente significativas entre los niveles de un factor de interés. EL DCA tiene las siguientes ventajas y desventajas:

Ventajas

1. Simplicidad: El diseño completo al azar es fácil de entender y aplicar.

2. Control de sesgos: Al asignar tratamientos aleatoriamente, se minimizan los sesgos sistemáticos y se asegura que las diferencias observadas entre grupos se deban a los tratamientos y no a otras variables.

3. Flexibilidad: Se puede aplicar en una variedad de contextos y con diferentes tipos de datos, lo que lo hace versátil.

4. Análisis estadístico: Permite el uso de métodos estadísticos estándar para el análisis de datos, facilitando la interpretación de resultados.

Desventajas

1. Requerimientos de tamaño muestral: Para obtener resultados significativos, a menudo se necesita un tamaño de muestra grande, lo que puede ser costoso o logísticamente complicado.

2. Variabilidad: La aleatorización puede conducir a una variabilidad alta en los grupos, lo que podría dificultar la detección de efectos significativos si las muestras son pequeñas.

3. No controla todas las variables: Aunque minimiza sesgos, no elimina la influencia de variables no medidas o no controladas que pueden afectar los resultados.

Análisis estadístico del DCA vía REML

El modelo estadístico lineal para un DCA es el siguiente:

$$y_{ij} = \mu + \tau_i + e_{ij}$$

Donde y_{ij} son los datos, μ es la media general, τ_i es el efecto del tratamiento estudiado y e_{ij} es un error residual. En este modelo τ_i y μ son parámetros fijos, mientras e_{ij} es aleatorio, por lo tanto, el error residual tiene un componente de varianza que puede estimarse usando el método REML:

$$\frac{\partial Ln(Lr)}{\partial \sigma_e^2} = 0 \rightarrow \sigma_{e(REML)}^2 = CM_e$$

Donde $\sigma^2_{e(REML)}$ es el componente de varianza residual estimado vía REML. Los estimadores de los efectos fijos es estiman usando la siguiente formula (Gutiérrez, 2010):

$$b = (X'V^{-1}X)^{-1}(X'V^{-1}y)$$

Donde b es un vector de estimaciones máximo verosimiles para los efectos fijos y V^{-1} es la inversa de la matriz de varianzas y covarianzas de los datos, que viene dada por:

$$V^{-1} = R^{-1} = I\frac{1}{\sigma_e^2}.$$

Por lo tanto, el vector *b* para este modelo es:

$$b = (X'R^{-1}X)^{-1}(X'R^{-1}y) = \left(X'I\frac{1}{\sigma_e^2}X\right)^{-1}(X'I\frac{1}{\sigma_e^2}y) = (X'X)^{-1}(X'y)$$

Para conocer si existen diferencias estadísticamente significativas entre los niveles de un factor, se utiliza la prueba F, la cual tiene la siguiente fórmula matemática (Pérez, 2025):

$$F = \frac{CM_\tau}{CMe} = \frac{CM_\tau}{\sigma^2_{e(REML)}}$$

Donde F es la prueba F, CM_τ es el cuadrado medio del factor (tratamiento) y CMe es el cuadrado medio residual. A medida que F incrementa su valor ($F >> 1$) los valores P (probabilidad) son más pequeños ($P << 0.05$) y valores P menores a 0.05 indican que existen diferencias estadísticamente significativas entre los niveles de los factores. Para calcular los CM se utilizan las siguientes formulas mostradas en tabla 1 (Pérez, 2026):

Tabla 1. Estimación de los CM

FV	SC	GL	Cuadrados medios
tratamientos	$\sum \frac{y_t^2}{n_i} - \frac{(\sum y..)^2}{n}$	$n_t - 1$	$\frac{sc_t}{gl_t}$
Residual	$SC_{total} - SC_t$	$n - n_t$	$\frac{sc_e}{gl_e}$
Total	$\sum y_{ij}^2 - \frac{(\sum y..)^2}{n}$	n-1	

Donde FV son las fuentes de variación, SC son las sumas de cuadrados, GL son los grados de libertad, n_i es el número de datos dentro de cada tratamiento, n_t es el número de tratamientos, $\sum y_{ij}^2$ es la suma de cada dato al cuadrado y $\sum y..$ es la suma de todos los datos.

Ejemplo

Los datos siguientes se refieren al peso al nacer (en kilogramos) de 5 becerros Holstein y 5 becerros Santa Gertrudis, tomados al azar en una explotación de doble propósito: El investigador está interesado en saber si los becerros nacen con mayor peso en las vacas Holstein o la santa Gertrudis. Los resultados se expresan en la tala 2:

Tabla 2. Ejemplo DCA

Lote Holstein peso al nacer (kg)	Lote Santa Gertrudis peso al nacer (kg)
17	42
23	40
28	45
36	39
30	46

Tratamiento: Raza (Holstein o Santa Gertrudis)

Variable respuesta (y): Peso al nacer.

Unidad experimental: Animal.

Los grados de libertad son:

$$GLt = 2 - 1 = 1$$

$$GLtotal = 10 - 1 = 9$$

$$GLe = 10 - 2 = 8$$

Sumas de cuadrados:

$$SCtotal = 17^2 + 23^2 + 28^2 + 36^2 + 30^2 + 42^2 + 40^2 + 45^2 + 39^2 + 46^2 - \frac{346^2}{10} = 852.4$$

$$SCt = \frac{(17 + 23 + 28 + 36 + 30)^2}{5} + \frac{(42 + 40 + 45 + 39 + 46)^2}{5} - \frac{346^2}{10} = 608.4$$

$$SCe = 852.4 - 608.4 = 244$$

Cuadrados medios:

$$CMt = \frac{608.4}{2 - 1} = 608.4$$

$$CMe = \frac{244}{10 - 2} = 30.5$$

Componente de varianza residual:

$$\sigma^2_{e(REML)} = 30.5$$

Prueba F:

$$F = \frac{608.4}{30.5} = 19.94754$$

Código SAS para el ejemplo del DCA con REML:

```
DATA EJEMPLO DCA;
INPUT RAZA$ PESO @@;
DATALINES;
H 17 SG 42
H 23 SG 40
H 28 SG 45
H 36 SG 39
H 30 SG 46
;
PROC MIXED METHOD=REML;
CLASS RAZA;
MODEL PESO = RAZA / SOLUTION;
RUN;
```

En la imagen 1 aparece las corridas SAS usando REML para el DCA usando proc mixed:

Imagen 1. Salidas SAS con REML para el DCA usando proc mixed

Estimaciones del parámetro de covarianza	
Parm Cov	Estimación
Residual	30.5000

Test de tipo 3 de efectos fijos				
Efecto	DF Num	Den DF	Valor F	Pr > F
RAZA	1	8	19.95	0.0021

Resultados idénticos a los encontrados manualmente ($\sigma_e^2 = 30.5\ y\ F = 19.95$). como el valor P = 0.0021 y ese valor es menor a 0.05 se confirma que existen diferencias estadísticamente significativas entre las medias de las dos razas estudiadas.

Análisis estadístico del DCA vía ML

Bajo el modelo del DCA la estimación del componente de varianza residual es:

$$\frac{\partial Ln(L)}{\partial \sigma_e^2} = 0 \rightarrow \sigma_{e(ML)}^2 = \frac{SCe}{n}$$

Por lo tanto, para este ejemplo el componente de varianza residual es:

$$\sigma_{e(ML)}^2 = \frac{244}{10} = 24.4$$

Y la prueba F es:

$$F = \frac{608.4}{24.4} = 24.93442$$

Código SAS para el ejemplo del DCA con ML:

```
DATA EJEMPLO DCA;
INPUT RAZA$ PESO @@;
DATALINES;
H 17 SG 42
H 23 SG 40
H 28 SG 45
H 36 SG 39
H 30 SG 46
;
PROC MIXED METHOD=ML;
CLASS RAZA;
```

```
MODEL PESO = RAZA / SOLUTION;
RUN;
```

En la imagen 2 se presentan las corridas SAS usando ML para el DCA usando proc mixed:

Imagen 2. Salidas SAS con ML para el DCA usando proc mixed

Estimaciones del parámetro de covarianza	
Parm Cov	Estimación
Residual	24.4000

Test de tipo 3 de efectos fijos				
Efecto	DF Num	Den DF	Valor F	Pr > F
RAZA	1	8	24.93	0.0011

Resultados idénticos a los encontrados de manera manual. En este ejemplo, nuevamente se encuentra diferencias estadísticamente significativas entre las medias de los pesos entre las dos razas (P=0.0011).

DISEÑO EN BLOQUES COMPLETOS ALEATORIZADOS (DBCA)

Este diseño surge tras la necesidad de ejercer un control sobre una fuente de variación que pueda afectar la variable respuesta. Para contrarrestar esa fuente de variación y disminuir el error experimental, se crean bloques aleatorios que contengan todos los tratamientos, estos bloques los definiremos como la agrupación de las unidades experimentales bajo un criterio que puede ser: Raza, manejo, etc.

Cada bloque construido será homogéneo dentro de sí pero heterogéneo con el bloque anterior, de esta manera se disminuye el error experimental y se tendrán resultados más precisos. Las ventajas y desventajas del DBCA son:

Ventajas:

1. Control de la Variabilidad: Al agrupar las unidades experimentales en bloques homogéneos, se reduce la variabilidad dentro de cada bloque, lo que permite una estimación más precisa de los efectos de los tratamientos.

2. Flexibilidad: Se puede aplicar a una amplia variedad de situaciones experimentales y es adecuado para estudios en los que las unidades experimentales son heterogéneas.

3. Mejora de la Eficiencia: Al reducir la variabilidad, se puede aumentar la potencia estadística del experimento, lo que facilita la detección de diferencias significativas entre tratamientos.

4. Análisis Estadístico Sencillo: El análisis de datos de un DBCA es relativamente sencillo y se puede realizar utilizando métodos estadísticos estándar.

Desventajas:

1. Complejidad en la planificación: Requiere una planificación cuidadosa para determinar cómo se formarán los bloques y cuántas unidades experimentales se incluirán en cada uno.

2. Dificultad para bloques no homogéneos: Si los bloques no son homogéneos, el diseño puede no ser efectivo y puede llevar a conclusiones erróneas.

3. Requiere conocimiento previo: Es necesario tener un buen entendimiento de las fuentes de variabilidad en el experimento para formar bloques adecuados.

4. Limitaciones en el número de tratamientos: Si hay muchos tratamientos y pocos bloques, puede haber problemas de confusión o falta de datos para ciertos tratamientos.

5. GL bajos: Cuando el número de bloques es bajo los GLe son bajos y es más difícil validar el error experimental.

Análisis estadístico del DBCA vía REML

El modelo estadístico lineal para un DBCA es el siguiente:

$$y_{ijk} = \mu + \tau_i + \gamma_j + e_{ijk}$$

Donde y_{ijk} son los datos, μ es la media general, τ_i es el efecto del tratamiento estudiado, γ_j es el efecto del bloque y e_{ijk} es un error residual. En este modelo τ_i, γ_J y μ son parámetros fijos, mientras e_{ijk} es aleatorio, por lo tanto, el error residual tiene un componente de varianza que puede estimarse usando el método REML:

$$\frac{\partial Ln(Lr)}{\partial \sigma_e^2} = 0 \rightarrow \sigma^2_{e(REML)} = CM_e$$

La suma de cuadrados, los grados de libertad y el cuadrado medio de los bloques se calcula usando las siguientes formulas, cuando todos los bloques tienen el mismo número de datos y tratamientos:

$$SC\gamma = \sum \frac{y_\gamma^2}{w} - \frac{(\sum y..)^2}{n}$$

$$GL\gamma = n_\gamma - 1$$

$$CM\gamma = \frac{SC\gamma}{GL\gamma}$$

Donde $SC\gamma$ es la suma de cuadrados de bloques, $GL\gamma$ son los grados de libertad de los bloques, $CM\gamma$ es el cuadrado medio de bloques y w es el número de datos por bloque. La SCe y los Gle se calculan usando las siguientes formulas:

$$GLe = GLtotal - (GL\gamma + GLt)$$

$$SCe = SCtotal - (SC\gamma + SCt)$$

Ejemplo.

Se desea evaluar la efectividad de cuatro suplementos alimenticios (Tratamientos: T1, T2, T3, T4) en la ganancia de peso diaria promedio de becerros de engorde durante un período de tres meses. Se cuenta con 16 terneros para el experimento. Sin embargo, los terneros son de 4 razas diferentes. El objetivo es determinar si existen diferencias significativas en la ganancia de peso atribuibles únicamente a los suplementos, minimizando la variabilidad causada por las diferentes razas. Los resultaos se muestran en la tabla 3:

Tabla 3. Ejemplo DBCA

	Tratamientos			
Bloques	T1	T2	T3	T4
Raza 1	0.82	1.05	0.98	0.75
Raza 2	0.78	0.99	1.01	0.72
Raza 3	0.75	0.95	0.94	0.69
Raza 4	0.71	0.90	0.88	0.65

Suma de cuadrados:

$$SCtotal = 0.82^2 + 0.78^2 + 0.75^2 + 0.71^2 + 1.05^2 + 0.99^2 + 0.95^2 + 0.90^2 + 0.98^2 + 1.01^2 + 0.94^2 + 0.88^2 + 0.75^2 + 0.72^2 + 0.69^2 + 0.65^2 - \frac{13.57^2}{16} = 0.25144$$

$$SCt = \frac{(0.82 + 0.78 + 0.75 + 0.71)^2}{4} + \frac{(1.05 + 0.99 + 0.95 + 0.90)^2}{4} + \frac{(0.98 + 1.01 + 0.94 + 0.88)^2}{4} + \frac{(0.75 + 0.72 + 0.69 + 0.65)^2}{4} - \frac{13.57^2}{16} = 0.21791$$

$$SC\gamma = \frac{(0.82 + 1.05 + 0.98 + 0.75)^2}{4} + \frac{(0.78 + 0.99 + 1.01 + 0.72)^2}{4} + \frac{(0.75 + 0.95 + 0.94 + 0.69)^2}{4} + \frac{(0.71 + 0.90 + 0.88 + 0.65)^2}{4} - \frac{13.57^2}{16} = 0.03056$$

$$SCe = 0.25144 - (0.21791 + 0.03056) = 0.00297$$

Grados de libertad:

$$GLtotal = 16 - 1 = 15$$

$$GL\gamma = 4 - 1 = 3$$

$$GLt = 4 - 1 = 3$$

$$GLe = 15 - (3 + 3) = 9$$

Cuadrados medios:

$$CMt = \frac{0.21791}{3} = 0.07263$$

$$CMe = \frac{0.00297}{9} = 0.00033$$

Componente de varianza residual:

$$\sigma^2_{e(REML)} = 0.00033$$

Prueba F:

$$F = \frac{0.07263}{0.00033} = 220.09090$$

Código SAS para un DCBA con REML:

```
data ejemplo dbcb;
input suplemento raza y @@;
datalines;
1 1 0.82 2 1 1.05 3 1 0.98 4 1 0.75
1 2 0.78 2 2 0.99 3 2 1.01 4 2 0.72
1 3 0.75 2 3 0.95 3 3 0.94 4 3 0.69
1 4 0.71 2 4 0.90 3 4 0.88 4 4 0.65
;
proc mixed method=reml;
class raza suplemento;
model y = raza suplemento;
run;
```

En la imagen 3 se presenta la salida del PROC MIXED del SAS para el ejemplo del DBCA con REML:

Imagen 3. Salidas SAS con REML para el DBCA usando proc mixed

Estimaciones del parámetro de covarianza	
Parm Cov	Estimación
Residual	0.000328

Test de tipo 3 de efectos fijos				
Efecto	DF Num	Den DF	Valor F	Pr > F
raza	3	9	31.02	<.0001
suplemento	3	9	221.14	<.0001

Resultados casi idénticos a los encontrados de manera manual. Como el valor ($P < 0.05$) para los tratamientos (suplementos) se comprueban que existen diferencias estadísticamente significativas entre tratamientos.

Análisis estadístico del DBCA vía ML

Bajo el modelo del DBCA la estimación del componente de varianza residual es:

$$\frac{\partial Ln(L)}{\partial \sigma_e^2} = 0 \rightarrow \sigma_{e(ML)}^2 = \frac{SCe}{n}$$

Por lo tanto, para este ejemplo el componente de varianza residual es:

$$\sigma_{e(ML)}^2 = \frac{0.00297}{16} = 0.00018$$

Código SAS para el ejemplo del DBCA con ML:

```
data ejemplo dbcb;
input suplemento raza y @@;
datalines;
1 1 0.82 2 1 1.05 3 1 0.98 4 1 0.75
1 2 0.78 2 2 0.99 3 2 1.01 4 2 0.72
1 3 0.75 2 3 0.95 3 3 0.94 4 3 0.69
1 4 0.71 2 4 0.90 3 4 0.88 4 4 0.65
;
proc mixed method=ml;
class raza suplemento;
model y = raza suplemento;
run;
```

En la imagen 4 se presenta la salida del PROC MIXED del SAS para el ejemplo del DBCA con ML:

Imagen 4. Salidas SAS con ML para el DBCA usando proc mixed

Estimaciones del parámetro de covarianza	
Parm Cov	Estimación
Residual	0.000185

Resultados idénticos a los encontrados de manera manual.

DISEÑO EN CUADRADO LATINO (DCL)

El DCL fue introducido por Fisher y Yates (Fisher y Yates, 1938) para eliminar la variabilidad de dos variables perturbadoras, las cuales pueden afectar la variable de respuesta, lo que comúnmente infla el cuadrado medio del error y, por lo tanto, esconde el efecto real de los tratamientos. El procedimiento de reducción del error se hace bloqueando en dos direcciones diferentes, cada bloque contiene un factor perturbador y el número de bloques es el mismo que el número de tratamientos, con base a este arreglo se garantiza la ortogonalidad del diseño y por lo tanto su independencia, obteniendo así la comparación justa de los tratamiento dentro de cada bloque. En estos diseños los bloques se arreglan como filas y columnas y se agregan los tratamientos al azar dentro de los bloques, los tratamientos que se denotan por las letras latinas A, B, C, D, E, etc (de ahí el nombre de cuadrado latino) solo aparecen una vez por bloque lo que genera que todos los bloques sean ortogonales a los tratamientos.

Características del cuadrado latino.

- ✓ Cada tratamiento aparece una sola vez en cada fila y en cada columna
- ✓ Es un diseño restrictivo, requiere igual número de tratamientos, filas y columnas.
- ✓ Tienen pocos grados de libertad para estimar el error. Diseños con menos de 5 tratamientos generan insuficientes grados de libertada para estimar el error experimental. Generalmente, este diseño está recomendado solo cuando el número de tratamientos esta entre 5 y 12

✓ Hay mayor posibilidad de que el supuesto de aditividad bloques tratamientos no se cumpla.

Análisis estadístico del DCL vía REML

El modelo estadístico lineal para un DCL es el siguiente:

$$y_{ijkl} = \mu + \tau_i + \gamma_j + \delta_k + e_{ijkl}$$

Donde y_{ijkl} son los datos, μ es la media general, τ_i es el efecto del tratamiento estudiado, γ_j es el efecto del bloque columna, δ_k es el efecto del bloque fila y e_{ijkl} es un error residual. En este modelo τ_i, γ_j, δ_k y μ son parámetros fijos, mientras e_{ijkl} es aleatorio, por lo tanto, el error residual tiene un componente de varianza que puede estimarse usando el método REML:

$$\frac{\partial Ln(Lr)}{\partial \sigma_e^2} = 0 \rightarrow \sigma_{e(REML)}^2 = CM_e$$

La suma de cuadrados, los grados de libertad y el cuadrado medio de las filas y columnas se calcula usando la fórmula del diseño en bloque, para cada factor de bloqueo (fila y columna), y los grados de libertad y la suma de cuadrados del error se calculan usando las siguientes formulas:

$$GLe = GLtotal - (GL_{fila} + GL_{columna} + GLt)$$

$$SCe = SCtotal - (SC_{fila} + SC_{columna} + SCt)$$

Ejemplo

Se quieren comparar tres dietas (A, B, y C) a base de proteínas de origen vegetal. Para esto se utilizaron 9 mautos de un mismo corral. Los mautos se clasifican según su voracidad y según su peso inicial. Esta clasificación se hace al observar por un tiempo el apetito de los mautos para formar tres grupos de tres mautos cada uno (A1 = apetito bajo, A2 = apetito moderado, A3 = apetito alto) y cada uno de estos grupos se clasifico a su vez en tres grupos de tres mautos según su peso inicial (P1 = peso bajo, P2 = peso medio, P3 = peso alto). Se realiza el experimento donde se observa el peso en kg ganado por los mautos después de cierto periodo de tiempo. Los resultados se muestran en la tabla 4:

Tabla 4. Ejemplo DCL

Peso Inicial	Apetito		
	A1	A2	A3
P1	67(C)	105(A)	95(B)
P2	85(A)	75(B)	88(C)
P3	66(B)	68(C)	108(A)

Suma de cuadraos:

$$SCtotal = 67^2 + 85^2 + 66^2 + 105^2 + 75^2 + 68^2 + 95^2 + 88^2 + 108^2 - \frac{757^2}{9} = 2104.88888$$

$$SC_{fila} = \frac{(67 + 105 + 95)^2 + (85 + 75 + 88)^2 + (66 + 68 + 108)^2}{3} - \frac{757^2}{9} = 113.55555$$

$$SC_{columna} = \frac{(67 + 85 + 66)^2 + (105 + 75 + 68)^2 + (95 + 88 + 108)^2}{3} - \frac{757^2}{9} = 897.55555$$

$$SC_t = \frac{(85 + 105 + 108)^2 + (66 + 75 + 95)^2 + (67 + 68 + 88)^2}{3} - \frac{757^2}{9}$$

$$= 1070.88888$$

$$SCe = 2104.88888 - (113.5555 + 897.55555 + 1070.88888) = 22.8889$$

Grados de liberta:

$$GLtotal = 9 - 1 = 8$$

$$GL_{fila} = 3 - 1 = 2$$

$$GL_{columna} = 3 - 1 = 2$$

$$GLt = 3 - 1 = 2$$

$$GLe = 8 - (2 + 2 + 2) = 8 - 6 = 2$$

Cuadrados medios:

$$CMt = \frac{1070.888}{2} = 535.4$$

$$CMe = \frac{22.888}{2} = 11.44$$

Componentes de varianza:

$$\sigma^2_{e(REML)} = 11.44$$

Prueba F:

$$F = \frac{535.4}{11.44} = 46.80$$

Código SAS para un DCL con REML:

```
Data Ejemplo1;
title ejemplo de cuadrado latino;
input fila col trat $ y @@;
cards;
1 1 c 67 1 2 a 105 1 3 b  95
2 1 a 85 2 2 b  75 2 3 c  88
3 1 b 66 3 2 c  68 3 3 a 108
;
proc mixed method=reml;
class fila col trat;
model y=fila col trat ;
run;
quit;
```

En la imagen 5 se presenta la salida del PROC MIXED del SAS para el ejemplo del DCL con REML:

Imagen 5. Salidas SAS con REML para el DCL usando proc mixed

Estimaciones del parámetro de covarianza	
Parm Cov	Estimación
Residual	11.4444

Test de tipo 3 de efectos fijos				
Efecto	DF Num	Den DF	Valor F	Pr > F
fila	2	2	4.96	0.1678
col	2	2	39.21	0.0249
trat	2	2	46.79	0.0209

Resultados idénticos a los encontrados de manera manual. Como el valor P=0.0209 y este valor es menor a 0.05 se comprueba que existen diferencias estadísticamente significativas entre tratamientos (dietas).

Análisis estadístico del DCL vía ML

Bajo el modelo del DCL la estimación del componente de varianza residual es:

$$\frac{\partial Ln(L)}{\partial \sigma_e^2} = 0 \rightarrow \sigma_{e(ML)}^2 = \frac{SCe}{n}$$

Por lo tanto, para este ejemplo el componente de varianza residual es:

$$\sigma_{e(ML)}^2 = \frac{22.888}{9} = 2.54311$$

Y la prueba F es:

$$F = \frac{535.4}{2.54311} = 210.52962$$

Código SAS para el ejemplo del DCL con ML:

```
Data Ejemplo1;
title ejemplo de cuadrado latino;
input fila col trat $ y @@;
cards;
1 1 c 67 1 2 a 105 1 3 b  95
2 1 a 85 2 2 b  75 2 3 c  88
3 1 b 66 3 2 c  68 3 3 a 108
;
proc mixed method=ml;
class fila col trat;
model y=fila col trat ;
run;
quit;
```

En la imagen 6 se presenta la salida el PROC MIXED el SAS para el DCL con ML:

Imagen 6. Salidas SAS con ML para el DCL usando proc mixed

Estimaciones del parámetro de covarianza	
Parm Cov	Estimación
Residual	2.5432

Test de tipo 3 de efectos fijos				
Efecto	DF Num	Den DF	Valor F	Pr > F
fila	2	2	22.33	0.0429
col	2	2	176.46	0.0056
trat	2	2	210.54	0.0047

Resultados idénticos a los encontrados de manera manual.

DISEÑO EN CUADRADO LATINO REPLICADOS (DCLR)

Cuando el número de tratamientos es menor que 5 el número de grados de libertad disponibles para estimar el error experimental es pequeño, en esta situación la solución general es replicar el cuadrado latino S veces. Dos formas de replicar cuadrados latinos son:

- *Usar S cuadrados latinos independientes. En este caso las filas y columnas serán distintas para cada cuadrado latino.*
- *Mezclar S cuadrados latinos. En este caso los cuadrados tendrán filas o columnas comunes (en este caso solo nos referiremos al caso anterior)*

En general replicar cuadrados latinos lleva gastos de dinero y tiempo, pero este esfuerzo es necesario debido a que, si los grados de libertad del error son menores que 8, la varianza del error no se estima de manera apropiada, es decir, no se tiene suficiente información para estimar el error de manera correcta, por lo tanto, los resultados pueden ser sesgados. Antes de entrar en este caso particular del cuadrado latino daremos dos conceptos fundamentales que se usaran en este caso:

Factores anidados

Dos factores están anidados cuando un factor está dentro de otro, es decir, los niveles de un factor no son los mismos en cada nivel del otro factor. Por ejemplo, si se desea estudiar el efecto de dos medicamentos (1 y 2), para esto se prueba el medicamento vaqueras diferentes y en 5 animales. El medicamento 1 se probó en la vaquera 1 y el medicamento 2 en la vaquera 2, en este caso, el factor medicamento esta anidado en el factor vaquera, en símbolos se escribe así: medicamento (vaquera).

Factores cruzados

Dos factores están cruzados cuando los niveles de un factor son los mismos en cada nivel del otro factor, en este caso es posible encontrar el efecto de interacción. Por ejemplo, el mismo estudio anterior, pero si cada medicamento se prueba en las 2 vaqueras, los factores medicamento y vaqueras estarían cruzados.

Análisis estadístico vía REML

En el análisis estadístico tiene que sumarse el efecto de las réplicas, calcular la SCreplicas y los GLreplicas, el PROC MIXED del SAS realiza esta estimación sin problemas, solo se debe asignar la réplica como una fuente de variación en el modelo y formular el modelo aditivo lineal para con las características necesarias. El modelo estadístico lineal es:

$$y_{ijklm} = \mu + \tau_i + \gamma_{j(s)} + \delta_{k(s)} + S_l + (\gamma * \delta)_{jk} + e_{ijklm}$$

Donde y_{ijklm} son los datos, μ es la media general, τ_i es el efecto del tratamiento estudiado, $\gamma_{j(s)}$ es el efecto del bloque columna dentro de cuadrado, $\delta_{k(s)}$ es el efecto del bloque fila dentro de cuadrado, S_l es el efecto del cuadrado, $(\gamma * \delta)_{jk}$

es el efecto de interacción y e_{ijklm} es un error residual. Bajo este modelo los parámetros μ, τ_i, $\gamma_{j(s)}$, $\delta_{k(s)}$, $(\gamma * \delta)_{jk}$ son fijos y e_{ijklm} es aleatorio. Como el residual es aleatorio, se puede estimar su componente de varianza usando el método REML:

$$\frac{\partial Ln(Lr)}{\partial \sigma_e^2} = 0 \rightarrow \sigma_{e(REML)}^2 = CM_e$$

Ejemplo

Se llevó a cabo un experimento en un campo irrigado con un gradiente de agua en una dirección del área experimental. Además, se sabía que los campos experimentales de la granja tienen diferencias en el suelo creadas por la pendiente requerida para la irrigación. En general estas diferencias de suelo eran perpendiculares a los canales de irrigación. Se usaron 5 tasas de siembra (A=30, B=80, C=130, D=180 y E=230 libras/acre) como tratamientos con el objetivo de obtener la tasa de siembra óptima para una nueva especie de trigo con alto contenido de extracto de sémola, lo cual es importante para la elaboración de pastas. El experimento se replicó en un terreno adyacente, por lo tanto, se tienen dos repeticiones del experimento con bloques únicos por renglón y columna para cada uno. En la tabla 5 se presenta el ejemplo:

Tabla 5. Ejemplo DCLR

Cuadrado 1

(E) 59,45	(A) 47,28	(C) 54,44	(B) 50,14	(D) 59,45
(C) 55,16	(D) 60,89	(B) 56,59	(E) 60,17	(A) 48,71
(B) 44,41	(C) 53,72	(D) 55,87	(A) 47,99	(E) 59,45
(A) 42,26	(B) 50,14	(E) 56,87	(D) 58,74	(C) 55,87

(D) 60,89	(E) 49,45	(A) 49,43	(C) 59,45	(B) 57,31

Gradiente de irrigación

Pendiente del suelo →

Cuadrado 2

(A) 26,88	(D) 38,40	(E) 35,33	(C) 34,56	(B) 24,57
(E) 37,63	(A) 24,57	(C) 36,09	(B) 23,81	(D) 32,25
(C) 29,95	(B) 29,18	(D) 33,02	(A) 22,27	(E) 33,02
(D) 32,25	(C) 31,41	(B) 21,50	(E) 33,02	(A) 18,43
(B) 26,11	(E) 36,09	(A) 23,81	(D) 29,95	(C) 29,95

Código SAS para DCLR con REML:

```
data ejemplo2;
title Ejemplo: Diseño en cuadrado latino replicado;
input s fila col trat$ y @@;
cards;
1 1 1 E 59.45 1 1 2 A 47.28 1 1 3 C 54.44 1 1 4 B 50.14 1 1 5 D 59.45
1 2 1 C 55.16 1 2 2 D 60.89 1 2 3 B 56.59 1 2 4 E 60.17 1 2 5 A 48.71
1 3 1 B 44.41 1 3 2 C 53.72 1 3 3 D 55.87 1 3 4 A 47.99 1 3 5 E 59.45
1 4 1 A 42.25 1 4 2 B 50.14 1 4 3 E 55.87 1 4 4 D 58.74 1 4 5 C 55.87
1 5 1 D 60.89 1 5 2 E 59.45 1 5 3 A 49.43 1 5 4 C 59.45 1 4 5 B 57.31
2 1 1 A 26.88 2 1 2 D 38.40 2 1 3 E 35.33 2 1 4 C 34.56 2 1 5 B 24.57
2 2 1 E 37.63 2 2 2 A 24.57 2 2 3 C 36.09 2 2 4 B 23.81 2 2 5 D 32.25
2 3 1 C 29.95 2 3 2 B 29.18 2 3 3 D 33.02 2 3 4 A 22.27 2 3 5 E 33.02
2 4 1 D 32.25 2 4 2 C 31.49 2 4 3 B 21.50 2 4 4 E 33.02 2 4 5 A 18.43
2 5 1 B 26.11 2 5 2 E 36.09 2 5 3 A 23.81 2 5 4 D 29.95 2 5 5 C 29.95
;
proc mixed method=reml;
class s fila col trat;
```

```
model y = s trat fila(s) col(s) s*trat;
run;
quit;
```

En la imagen 7 se presentan las salidas del PROC MIXED del SAS con REML:

Imagen 7. Salidas SAS con REML para el DCLR usando proc mixed

Estimaciones del parámetro de covarianza	
Parm Cov	Estimación
Residual	5.0680

Test de tipo 3 de efectos fijos				
Efecto	DF Num	Den DF	Valor F	Pr > F
s	1	24	1516.98	<.0001
trat	4	24	50.57	<.0001
fila(s)	8	24	3.40	0.0095
col(s)	8	24	2.64	0.0315
s*trat	4	24	1.49	0.2376

Como el valor P es menor a 0.05 para los tratamientos, se comprueban que existen diferencias estadísticamente significativas entre las medias de los tratamientos (métodos de siembra).

Análisis estadístico del DCLR vía ML

Bajo el modelo del DCLR la estimación del componente de varianza residual es:

$$\frac{\partial Ln(L)}{\partial \sigma_e^2} = 0 \rightarrow \sigma_{e(ML)}^2 = \frac{SCe}{n}$$

Código SAS para DCLR con REML:

```
data ejemplo2;
title Ejemplo: Diseño en cuadrado latino replicado;
input s fila col trat$ y @@;
cards;
1 1 1 E 59.45 1 1 2 A 47.28 1 1 3 C 54.44 1 1 4 B 50.14 1 1 5 D 59.45
1 2 1 C 55.16 1 2 2 D 60.89 1 2 3 B 56.59 1 2 4 E 60.17 1 2 5 A 48.71
```

```
1 3 1 B 44.41 1 3 2 C 53.72 1 3 3 D 55.87 1 3 4 A 47.99 1 3 5 E 59.45
1 4 1 A 42.25 1 4 2 B 50.14 1 4 3 E 55.87 1 4 4 D 58.74 1 4 5 C 55.87
1 5 1 D 60.89 1 5 2 E 59.45 1 5 3 A 49.43 1 5 4 C 59.45 1 4 5 B 57.31
2 1 1 A 26.88 2 1 2 D 38.40 2 1 3 E 35.33 2 1 4 C 34.56 2 1 5 B 24.57
2 2 1 E 37.63 2 2 2 A 24.57 2 2 3 C 36.09 2 2 4 B 23.81 2 2 5 D 32.25
2 3 1 C 29.95 2 3 2 B 29.18 2 3 3 D 33.02 2 3 4 A 22.27 2 3 5 E 33.02
2 4 1 D 32.25 2 4 2 C 31.49 2 4 3 B 21.50 2 4 4 E 33.02 2 4 5 A 18.43
2 5 1 B 26.11 2 5 2 E 36.09 2 5 3 A 23.81 2 5 4 D 29.95 2 5 5 C 29.95
;
proc mixed method=ml;
class s fila col trat;
model y = s trat fila(s) col(s) s*trat;
run;
quit;
```

En la imagen 8 se presentan las salidas del PROC MIXED del SAS con ML:

Imagen 8. Salidas SAS con ML para el DCLR usando proc mixed

Estimaciones del parámetro de covarianza	
Parm Cov	Estimación
Residual	2.4326

Test de tipo 3 de efectos fijos				
Efecto	DF Num	Den DF	Valor F	Pr > F
s	1	24	3160.37	<.0001
trat	4	24	105.36	<.0001
fila(s)	8	24	7.08	<.0001
col(s)	8	24	5.49	0.0005
s*trat	4	24	3.10	0.0345

DISEÑO EN BLOQUES INCOMPLETOS BALANCEADOS (DBIB)

Este tipo de diseño es poco usado debido a que por lo general los experimentadores arreglan sus experimentos para que sean ortogonales, pero hay casos debido a la muerte de algunos animales, destrucción de plantas, fallas en la técnica experimental o escases de recursos económicos que se necesitan esta clase de diseño no ortogonal. La propiedad de ortogonalidad que gozan los diseños balanceados no son válidas para los diseños desbalanceados, por lo tanto, los cálculos algebraicos son muchos más difíciles, debido a que hay que hacer ajustes en las SC para poder estimar el efecto de los tratamientos sin que los bloques puedan inflar la varianza del error. Yates (Yates,1936) propuso una serie de diseños no ortogonales llamados diseños en bloques incompletos balanceados. El diseño en bloques al azar incompletos balanceados, es aquel en el cual se comparan t tratamientos en γ bloques, pero el tamaño del bloque k es menor que el numero de tratamientos.

Se desea que los tratamientos sean comparados con la misma precisión y esto solo se puede lograr si cada par de tratamientos ocurre un mismo número de veces λ juntos en el diseño, decir que los tratamientos se comparan con la misma precisión, lo que significa es que el error estándar con el cual se comparan los tratamientos $S_{(\bar{y}_i - \bar{y}_j)}$es el mismo.

Partición de la suma de cuadrados.

$$SCtot = SC_{(bloque\ NO\ AJUSTADOS)} + SC_{tratamientos\ AJUSTADOS} + SC_{ERROR}$$

Con PROC GLM se debe colocar primero los bloques en el modelo y luego los tratamientos e interpretar la Suma de Cuadrados Tipo I.

$$SCtot \neq SC_{(bloque\ AJUSTADOS)} + SC_{tratamientos\ AJUSTADOS} + SC_{ERROR}$$

Con PROC MIXED, nos daría el efecto de bloque ajustado por tratamiento y el efecto de tratamiento ajustado por las diferencias entre bloques (SC tipo III).

$$SCtra_{(ajustado)} = SC(modelo\ completo) - SC(modelo\ reducido)$$

En el modelo reducido no incluye el efecto de tratamientos.

Análisis de la recuperación de la información inter bloque

El análisis de la recuperación de la información interbloques, el cual fue introducido por yates (Yates, 1940) sirve para mejorar la eficiencia y precisión en la estimación de los efectos de los tratamientos en diseños experimentales de bloques incompletos balanceados, esto es debido a que el análisis estándar intrabloques descarta la información contenida en las diferencias entre los totales de los bloques, asumiendo que estas diferencias solo se deben al efecto del bloqueo (factores de heterogeneidad que queremos eliminar). La recuperación interbloques "rescata" esta información lo que hace que el análisis combine la información intrabloques con la información interbloques, por lo tanto, se obtiene un estimador ponderado más preciso (con menor varianza) de los efectos de los tratamientos. Esto se traduce en pruebas de hipótesis más potentes y un mejor control del error experimental.

Análisis de la recuperación de la información inter bloque vía REML

El procedimiento matemático para la recuperación de la información interbloques históricamente implica combinar dos estimaciones independientes de los efectos de los tratamientos: la estimación intrabloques y la estimación interbloques. La combinación se realiza mediante un promedio ponderado donde los pesos se basan en la precisión (inversa de la varianza) de cada estimación (Cochran y Cox, 1992). Este análisis requiere que los bloques se traten como efectos aleatorios en el modelo estadístico lineal (un modelo de efectos mixtos), a diferencia del análisis intrabloques estándar que los trata como efectos fijos (Montgomery, 2019). Esto permite estimar dos componentes de varianza diferentes que pueden estimarse por REML:

$$\frac{\partial Ln(Lr)}{\partial \sigma_e^2} = 0 \rightarrow \sigma_{e(REML)}^2 = CM_e$$

$$\frac{\partial Ln(Lr)}{\partial \sigma_\gamma^2} = 0 \rightarrow \sigma^2_{\gamma(REML)} = \frac{(CMb(ajustado) - CMe)(n_\gamma - 1)}{n_t(k-1)}$$

Donde $CMb(ajustado) = \frac{SC\gamma(ajustado)}{GL\gamma}$ es el cuadrado medio de bloques ajustado por el efecto de tratamientos y k es el número de réplicas (Esta fórmula es válida si el CMγ(ajustado) > CMe). La estimación combinada de los tratamientos puede calcularse usando las ecuaciones normales de Henderson, también llamadas ecuaciones del modelo mixto de Henderson (Henderson, 1984):

$$\begin{bmatrix} X'X & X'Z \\ Z'X & Z'Z + I\alpha \end{bmatrix} \begin{bmatrix} t_i \\ \gamma_i \end{bmatrix} = \begin{pmatrix} X'y \\ Z'y \end{pmatrix}$$

Donde X es una matriz de diseño que relaciona los datos con los efectos fijos (tratamientos), Z es una matriz de diseño que relaciona los datos con los efectos aleatorios diferentes del residuo (bloques), t_i es un estimador del efecto de los tratamientos (el estimador combinado), γ_i es una predicción del efecto aleatorio de los bloques y α es el cociente entre la varianza de bloques y la residual:

$$\alpha = \frac{\sigma_e^2}{\sigma_\gamma^2}$$

Entonces las LSMEANS (medias ajustadas) pueden estimarse usando la siguiente fórmula:

$$LSMEANS = \mu + t_i$$

Para los casos donde se utilice $\mu = 0$ como restricción, las LSMEANS son estimadas como LSMEANS = t_i.

Uso del BLUE en el análisis de recuperación de información inter bloque

El principio fundamental de la estimación óptima es el uso de **Mínimos Cuadrados Generalizados (GLS) o máxima verosimilitud (GLS y ML son equivalentes para estimar efectos fijos).** El estimador GLS (o ML) del efecto de tratamiento es el **Estimador Lineal Insesgado de Varianza Mínima** (BLUE) y se obtiene mediante la solución del siguiente sistema de ecuaciones lineales:

$$(X'V^{-1}X)t = (X'V^{-1}y)$$

Esta es la solución teóricamente óptima, pero requiere conocer V (es decir, los componentes de varianza). Se puede demostrar algebraicamente que la solución del sistema de Henderson se reduce exactamente a la fórmula del promedio ponderado cuando el diseño es balanceado (DBIB). El factor de ponderación óptimo del GLS es idéntico a la relación de pesos que se deriva empíricamente del análisis de los **Cuadrados Medios Esperados** de un ANOVA. En consecuencia, el estimador obtenido mediante la recuperación de información interbloques es el BLUE y es rigurosamente idéntico al estimador obtenido al resolver las ecuaciones de Henderson. Ambos métodos logran la eficiencia máxima al utilizar la información completa contenida en la matriz de varianza-covarianza. Para un DBIB, la estructura balanceada permite la simplificación de las ecuaciones matriciales y la matriz V^{-1} en la ecuación GLS se puede expresar como una combinación lineal de los operadores intrabloque e interbloque. Al sustituir V^{-1} en la ecuación GLS y resolver para t se obtiene una expresión que, mediante manipulación algebraica rigurosa (específicamente la aplicación de la teoría de inversas generalizadas y las propiedades de las matrices de diseño para BIBD), se reduce exactamente a la fórmula del promedio ponderado.

Ejemplo

Se está realizando un estudio para evaluar el impacto de tres programas de alimentación complementaria en la ganancia de peso de terneros antes del destete. El objetivo es identificar qué programa resulta en el mayor peso al destete. Se dispone de 9 terneros, pero solo 3 corrales para el experimento. Cada corral (bloque) tiene espacio limitado para únicamente 2 terneros. Los tratamientos consisten en tres programas de alimentación complementaria: Programa estándar (T1), programa alto en proteínas (T2) y programa fortificado con minerales (T3). Para maximizar la eficiencia y balancear las comparaciones dado el espacio limitado, se implementó un Diseño de Bloques Incompletos Balanceado (BIBD), donde cada tratamiento aparece en 2 bloques y cada par de tratamientos aparece junto en 1 bloque. La variable respuesta medida es el peso del ternero en kilogramos (kg) registrado exactamente el día del destete. En la tabla 6 se expresan los datos

Tabla 6. Ejemplo DBIB.

	Tratamientos		
Bloques	T1	T2	T3
B1	100	120	x
B2	140	x	160
B3	x	180	200

Suma de cuadrados

$$SCtotas = 100^2 + 140^2 + 120^2 + 180^2 + 160^2 + 200^2 - \frac{900^2}{6} = 7000$$

$$SCt = \frac{(100 + 140)^2 + (120 + 180)^2 + (160 + 200)^2}{2} - \frac{900^2}{6} = 3600$$

$$SC\gamma = \frac{(100 + 120)^2 + (140 + 160)^2 + (180 + 200)^2}{2} - \frac{900^2}{6} = 6400$$

La suma de cuadrados de tratamientos ajustados viene de la diferencia entre la SC del modelo completo y el modelo reducido:

$$SCt(ajustadas) = 6933.33333 - 6400 = 533.33333$$

Y la suma de cuadrados de los residuos es:

$$SCe = 7000 - 6933.33333 = 66.66667$$

Por lo tanto, la suma de cuadrados de bloques ajustados es:

$$SC\gamma(ajustado) = 6933.33333 - 3600 = 3333.33333$$

La suma de cuadrados del modelo completo se puede estimarse como:

$$SC(modelo\ completo) = SCt + SCb(ajustado) = SCt(ajustadas) + SCb$$
$$= 3600 + 3333.3333 = 533.3333 + 6400 = 6933.33333$$

En la expresión anterior, la SC del modelo puede estimarse usando las SC ajustadas y las no ajustadas, pero en general no podemos calcular las SC ajustadas sin conocer la SC del modelo, por lo tanto, en la practica la SC del modelo se estima usando los estimadores de mínimos cuadrados o máxima verosimilitud del modelo, lo cual es posible estimarlas usando el PROC GLM del SAS.

Grados de libertad

$$GLtotal = 6 - 1 = 5$$

$$GL\gamma = 3 - 1 = 2$$

$$GLt = 3 - 1 = 2$$

$$GLe = 5 - (2 + 2) = 1$$

Cuadrados medios

$$CMe = \frac{66.66667}{1} = 66.66667$$

$$CM\gamma(ajustado) = \frac{3333.33333}{2} = 1666.66666$$

Componentes de varianza

$$\sigma^2_{e(REML)} = 66.66667$$

$$\sigma^2_{\gamma(REML)} = \frac{(1666.66666 - 66.66667)(3-1)}{3(2-1)} = 1066.66666$$

Estimación de los BLUE usando $\mu = 0$

Las ecuaciones normales de Henderson, usando la restricción $\mu = 0$ son:

$$\begin{bmatrix} 2 & 0 & 0 & 1 & 1 & 0 \\ 0 & 2 & 0 & 1 & 0 & 1 \\ 0 & 0 & 2 & 0 & 1 & 1 \\ 1 & 1 & 0 & 2+\alpha & 0 & 0 \\ 1 & 0 & 1 & 0 & 2+\alpha & 0 \\ 0 & 1 & 1 & 0 & 0 & 2+\alpha \end{bmatrix} \begin{pmatrix} t_1 \\ t_2 \\ t_3 \\ \gamma_1 \\ \gamma_2 \\ \gamma_3 \end{pmatrix} = \begin{pmatrix} 240 \\ 300 \\ 360 \\ 220 \\ 300 \\ 380 \end{pmatrix}$$

Donde alfa es:

$$\alpha = \frac{66.66667}{1066.66666} = 0.06250$$

Y la solución de este sistema de ecuaciones lineales es:

$$\begin{bmatrix} 2 & 0 & 0 & 1 & 1 & 0 \\ 0 & 2 & 0 & 1 & 0 & 1 \\ 0 & 0 & 2 & 0 & 1 & 1 \\ 1 & 1 & 0 & 2+\alpha & 0 & 0 \\ 1 & 0 & 1 & 0 & 2+\alpha & 0 \\ 0 & 1 & 1 & 0 & 0 & 2+\alpha \end{bmatrix}^{-1} \begin{pmatrix} 240 \\ 300 \\ 360 \\ 220 \\ 300 \\ 380 \end{pmatrix} = \begin{pmatrix} 136 \\ 150 \\ 164 \\ -32 \\ 0 \\ 32 \end{pmatrix}$$

Cuyas 3 primeras soluciones son las LSMEANS para los tratamientos. Se puede despejar, por ejemplo, la ecuación 1:

$$2t1 + \gamma 1 + \gamma 2 = 240 \rightarrow t1 = (240 - \gamma 1 - \gamma 2) \div 2 = \frac{240 - (-32) - 0}{2}$$
$$= 136$$

En el caso de calcular un estimador BLUP del bloque, por ejemplo, se puede tomar la ecuación 4:

$$t1 + t2 + (2.06250\gamma 1) = 220 \rightarrow \gamma 1 = \frac{220 - t1 - t2}{2.06250} = \frac{220 - 136 - 150}{2.06250}$$
$$= -32$$

Código SAS para el análisis de la recuperación de la información intra bloque:

```
data DBIB;
input bloques tratamientos y @@;
missing x;
datalines;
1 1 100 2 1 140 3 1 x
1 2 120 2 2 x   3 2 180
1 3 x   2 3 160 3 3 200
;
proc mixed method=reml;
class bloques tratamientos;
```

```
model y = tratamientos / noint solution  ;
random bloques / solution ;
lsmeans tratamientos;
run;
```

En la imagen 9 se presenta la salida del PROC MIXED vía REML para el análisis de la recuperación de la información inter bloque:

Imagen 9 Salida del PROC MIXED para el análisis de la recuperación de la información inter bloque con REML.

Estimaciones del parámetro de covarianza	
Parm Cov	Estimación
bloques	1066.67
Residual	66.6667

Medias de mínimos cuadrados						
Efecto	tratamientos	Estimación	Error estándar	DF	t valor	Pr > |t|
tratamientos	1	136.00	19.8997	1	6.83	0.0925
tratamientos	2	150.00	19.8997	1	7.54	0.0840
tratamientos	3	164.00	19.8997	1	8.24	0.0769

Resultados idénticos a los encontraos de manera manual.

DISEÑO DE BLOQUES INCOMPLETOS NO BALANCEADOS

Un Diseño de nloques incompletos no balanceado ocurre cuando el tamaño de los bloques es menor que el número de tratamientos, pero, a diferencia del diseño balanceado (BIBD), los tratamientos no coindicen el mismo número de veces dentro de los bloques.El no balance en un diseño de bloques incompletos se presenta principalmente por dos razones:

Por diseño (Intencional): Cuando el investigador sabe que no cuenta con el número de unidades experimentales necesarias para un BIBD, o cuando le interesa probar algunos tratamientos con mayor precisión que otros (por ejemplo, comparar varios tratamientos nuevos contra un solo control).

Por accidente (No intencional): El experimento se planeó originalmente como un bloque completo o un bloque incompleto balanceado, pero se perdieron parcelas, se murieron animales, se rompieron muestras de laboratorio o falló un turno de producción (datos faltantes).

En un diseño balanceado, las medias aritméticas simples sirven para comparar los tratamientos. En un diseño no balanceado, esto es un error grave ya que si un tratamiento aparece por azar en los "peores" bloques (por ejemplo, los bloques con suelo menos fértil o animales más débiles), su media aritmética se verá artificialmente baja. Por lo tanto, el análisis requiere procedimientos especiales:

Medias Ajustadas (LSMEANS / Medias de Mínimos Cuadrados): El software estadístico debe "limpiar" el efecto del bloque para calcular el verdadero efecto del tratamiento. En esencia, las LSMEANS son predicciones matemáticas calculadas a partir del modelo estadístico para estimar qué valor tendría cada tratamiento si todos hubieran sido evaluados exactamente bajo las mismas condiciones ideales.

Modelos Mixtos: Al igual que en los diseños en bloques incompletos balanceados se utilizan modelos mixtos donde los bloques son factores aleatorios, luego las varianzas se estiman utilizando ML o REML, pero en estos casos las formulas no son cerradas, es decir, que la primera derivada de Ln(L) genera una ecuación no lineal que no puede despejarse, por lo tanto, para estimar los componentes de varianza se utilizan métodos numéricos iterativos para maximizar la verosimilitud. Una explicación general de estos métodos puede encontrarse en Pérez (Pérez, 2026) y una revisión detallada en Searle y col (Searle y col, 1992).

Ejemplo.

Se utilizó el ejemplo del diseño en bloques, pero asumiendo el último dato perdido. El código SAS para este ejemplo es:

```
data ejemplo dbcb;
input suplemento raza y @@;
missing x;
datalines;
1 1 0.82 2 1 1.05 3 1 0.98 4 1 0.75
1 2 0.78 2 2 0.99 3 2 1.01 4 2 0.72
1 3 0.75 2 3 0.95 3 3 0.94 4 3 0.69
1 4 0.71 2 4 0.90 3 4 0.88 4 4 x
;
proc mixed method=reml;
class raza suplemento;
model y = suplemento;
random raza;
lsmeans suplemento;
run;
```

En la imagen 10 se encuentra la salida del PROC MIXED del SAS para este ejemplo:

Imagen 10. Pruebas F y LSMEANS para un diseño en bloques incompleto desbalanceado.

Test de tipo 3 de efectos fijos				
Efecto	DF Num	Den DF	Valor F	Pr > F
suplemento	3	8	186.70	<.0001

Medias de mínimos cuadrados						
Efecto	suplemento	Estimación	Error estándar	DF	t valor	Pr > |t|
suplemento	1	0.7650	0.02729	8	28.03	<.0001
suplemento	2	0.9725	0.02729	8	35.64	<.0001
suplemento	3	0.9525	0.02729	8	34.90	<.0001
suplemento	4	0.6987	0.02797	8	24.98	<.0001

Donde los efectos del tratamiento son estadísticamente significativos.

BIBLIOGRAFÍA

Blasco, A. (2021). Mejora genética animal. Editorial síntesis. De: https://www.sintesis.com/libro/mejora-genetica-animal

Castejón, O. (2011). Diseño y análisis de experimentos con statistix. De: https://libros.fondoeditorial.uru.edu/index.php/lb/catalog/book/castejonsandoval2011

Cochran, W., & Cox, G. (1992). Experimental designs (2nd ed.). John Wiley & Sons. https://www.wiley.com/en-us/shop/general-introductory-statistics/experimental-designs-2nd-edition-p-9780471545675

Fisher, R. A. (1935). The Design of Experiments. Oliver and Boyd. De: https://home.iitk.ac.in/~shalab/anova/DOE-RAF.pdf

Fisher, R. A., & Yates, F. (1938). Statistical tables for biological, agricultural and medical research. Oliver & Boyd. De: https://scispace.com/pdf/statistical-tables-for-biological-agricultural-and-medical-wkldh05zxb.pdf

Gutiérrez, P. (2010). Iniciación a la valoración genética animal. Editorial Complutense. De: https://docta.ucm.es/entities/publication/8d1fdea5-0f8f-40cd-8626-dfb069f69fa8

Henderson, C. R. (1984). Applications of linear models in animal breeding. University of Guelph. De: www.cabidigitallibrary.org/doi/full/10.5555/19860193912Hu

Meyer, K (1997). An "average information" restricted maximum likelihood algorithm for estimating reduced rank genetic covariance matrices or covariance functions for animal models with zero or more random effects. Genetics Selection Evolution, 29(2), 97-116. DOI: https://doi.org/10.1186/1297-9686-29-2-97

Montgomery, D. (2019). Design and analysis of experiments (10th ed.). John Wiley & Sons. https://www.wiley.com/en-us/shop/general-introductory-industrial-engineering/design-and-analysis-of-experiments-10th-edition-p-9781119492443

Patterson, H. & Thompson, R (1971). Recovery of inter-block information when block sizes are unequal. Biometrika, 58(3), 545–554. https://doi.org/10.1093/biomet/58.3.545

Pérez, J. (2024). Estadística aplicada al mejoramiento genético animal bajo enfoques de verosimilitud (1ra ed). Editorial LULU. https://www.lulu.com/es/shop/jos%C3%A9-ra%C3%BAl-p%C3%A9rez-gonz%C3%A1lez/estad%C3%ADstica-aplicada-al-mejoramiento-gen%C3%A9tico-animal-bajo-enfoques-de-verosimilitud/ebook/product-zme99ez.html?q=ESTADISTICA+APLICADA+AL+MEJORAMIENTO+GENETICO+ANIMAL&page=1&pageSize=4

Pérez, J. Jiménez, E. Pérez, G. Lopera, R (2025). Aplicación del método REML en modelos estadísticos lineales para el mejoramiento animal. De:Sustentabilidade na Zootecnia: Estratégias para Manejo e Produção Animal ATENA. https://atenaeditora.com.br/catalogo/post/aplicacion-del-metodo-reml-en-modelos-estadisticos-lineales-en-mejoramiento-animal

Searle, S., Casella, G and McCulloch, C. (1992). Variance Components. JohnWiley & Sons, Inc. De: https://onlinelibrary.wiley.com/doi/book/10.1002/9780470316856

Yates, F. (1936). Incomplete randomized blocks. Annals of Eugenics, 7(2), 121–140. Doi: https://doi.org/10.1111/j.1469-1809.1936.tb02134.x

Yates, F. (1940). The recovery of inter-block information in balanced incomplete block designs. Annals of Eugenics, 10(1), 317–325. De: https://repository.rothamsted.ac.uk/id/eprint/23972/1/YATES-1940-Annals_of_Eugenics.pdf

Publisher: Eliva Press Global Ltd

Email: info@elivapress.com

All rights reserved.

Eliva Press is an independent international publishing house established for the publication and dissemination of academic works all over the world. Company provides high quality and professional service for all of our authors.

Our Services:

Free of charge, open-minded, eco-friendly, innovational.

-Free standard publishing services (manuscript review, step-by-step book preparation, publication, distribution, and marketing).

-No financial risk. The author is not obliged to pay any hidden fees for publication.

-Editors. Dedicated editors will assist step by step through the projects.

-Money paid to the author for every book sold. Up to 50% royalties guaranteed.

-ISBN (International Standard Book Number). We assign a unique ISBN to every Eliva Press book.

-Digital archive storage. Books will be available online for a long time. We don't need to have a stock of our titles. No unsold copies. Eliva Press uses environment friendly print on demand technology that limits the needs of publishing business. We care about environment and share these principles with our customers.

-Cover design. Cover art is designed by a professional designer.

-Worldwide distribution. We continue expanding our distribution channels to make sure that all readers have access to our books.

-Marketing tools. We provide marketing tools such as banners, paid advertising, social media promotion and more.

www.elivapress.com

Guía Rápida de Diseño y Análisis Experimental Bajo Enfoques de Verosimilitud

BVOLS / Estadística para Adultos